Anny Quintana Portal
Gretel Dorta Preciado
Yoidel Martínez Morales

Processo de ensino-aprendizagem da matemática

Anny Quintana Portal
Gretel Dorta Preciado
Yoidel Martínez Morales

Processo de ensino-aprendizagem da matemática

Sistema de actividades para o desenvolvimento das competências numéricas

ScienciaScripts

Cover image: www.ingimage.com

This book is a translation from the original published under ISBN 978-613-9-43844-0.

Publisher:
Sciencia Scripts
is a trademark of
Dodo Books Indian Ocean Ltd. and OmniScriptum S.R.L publishing group

120 High Road, East Finchley, London, N2 9ED, United Kingdom
Str. Armeneasca 28/1, office 1, Chisinau MD-2012, Republic of Moldova, Europe
Printed at: see last page
ISBN: 978-620-8-24065-3

ÍNDICE

INTRODUÇÃO

O país vai dar um salto gigantesco na educação porque está a desenvolver uma Revolução na educação; é uma colossal batalha de ideias que o povo está a travar com o objetivo de trazer a cultura geral e integral como garantia da Revolução; o Comandante em Chefe tem afirmado repetidamente que o papel fundamental da escola e dos educadores é conseguir uma sociedade diferente e mais justa, o que implica evidentemente uma nova Revolução na educação. O processo leva a cabo a Batalha das Ideias, na educação utilizam-se as novas tecnologias para alcançar um resultado eficaz no desenvolvimento científico, trazendo para a sala de aula novas transformações educativas, nomeadamente um televisor, um computador, um vídeo, manuais escolares, cadernos de Marti, dicionários, etc. O processo de ensino-aprendizagem na disciplina de Matemática no terceiro ano do ensino médio, essas transformações se manifestam no uso adequado do computador e dos softwares educativos, que são utilizados para interligar as aulas com a disciplina através do uso dos softwares: Feiras de Matemática, As Formas que nos rodeiam I, O País dos Números e outros.

O ensino da matemática escolar desempenha um papel importante na formação de indivíduos capazes de enfrentar os desafios científicos e técnicos exigidos pelo desenvolvimento social atual. Neste sentido, é necessário que os alunos na escola aprendam a aprender. Ao conseguir uma dependência cognitiva na aquisição de conhecimentos, a disciplina pode dar um contributo significativo para estes objectivos gerais, quer contribuindo para o desenvolvimento das capacidades mentais gerais dos alunos, quer fomentando a criatividade, a imaginação e a criação do hábito da disciplina, entre outros.

Para compreender o significado da matemática e do seu ensino, é necessário conhecer o seu desenvolvimento histórico, que mostra que o conhecimento matemático, surgido das necessidades práticas do homem através de um longo processo de abstração, tem um grande valor para a vida. Os fundamentos da ciência matemática tornaram-se ferramentas essenciais para a compreensão e transformação do mundo, pelo que é necessário que todas as crianças em idade escolar aprendam os fundamentos desta ciência, para que possam também resolver os inúmeros problemas que surgem na prática e cuja solução requer a utilização de andaimes matemáticos. Hoje em dia, a formação matemática na escola torna-se ainda mais importante para a atividade prática subsequente, uma vez que o papel da matemática na vida social está a aumentar a um ritmo especialmente rápido, e o processo científico e técnico e a complexidade técnica da produção estão a colocar novas exigências à formação das novas gerações.

A posição da política educativa socialista e da pedagogia marxista-leninista exige um trabalho pedagógico completo, na teoria e na prática, criando uma base decisiva para o ensino da matemática. No entanto, a falta de motivação para estudar matemática e o fraco desenvolvimento das competências nesta disciplina são obstáculos à realização destes objectivos e constituem dificuldades que os professores de matemática têm de enfrentar sistematicamente no decurso do seu trabalho. No entanto, há dificuldades apresentadas pelas crianças do terceiro ano nos exercícios básicos de adição com superação em termos de cálculo matemático, devido às dificuldades de falta de uma boa memorização dos exercícios básicos de adição, uma vez que apresentam deficiências no trabalho com destreza no cálculo, bem como falta de competências no mesmo.

- Erros de cálculo em complemento com ultrapassagem do limite de 10000.
- Fraco domínio da ordem operacional.

Diante do exposto, o problema científico é definido como: Como desenvolver habilidades de cálculo em exercícios básicos de adição com superação em alunos do terceiro ano do ensino médio da escola Reinaldo León Yera? O objeto proposto é: Processo de ensino-aprendizagem da Matemática no terceiro ano de escolaridade. Como campo de ação: competências de cálculo em exercícios básicos de adição com repetição. Para dar resposta ao problema, propôs-se o seguinte objetivo: Propor um sistema de actividades para o desenvolvimento de competências de cálculo em exercícios básicos de adição com excesso em alunos do terceiro ano de escolaridade.

Para o desenvolvimento da investigação, foram colocadas as seguintes questões científicas:

1. Sistematização dos fundamentos teóricos do processo de ensino-aprendizagem da matemática e das competências de cálculo em exercícios de adição elementar com ultrapassagem no terceiro ano de escolaridade?
2. Qual é o estado atual das competências de cálculo nos exercícios de base da adição com ultrapassagem nos alunos do terceiro ano?
3. Que pistas podem ser utilizadas para desenvolver as competências de cálculo da adição com excedente no terceiro ano?
4. Qual é a eficácia do sistema de actividades?

A fim de cumprir o objetivo proposto, foram desenvolvidas as seguintes tarefas de investigação:

1. Fundamentação teórica do processo de ensino-aprendizagem da matemática e das competências de cálculo em exercícios básicos de adição com ultrapassagem.
2. Diagnóstico da situação atual do desenvolvimento das capacidades de cálculo em exercícios de adição elementar com repetição no terceiro ano de escolaridade.
3. Conceção de um sistema de actividades para o desenvolvimento de competências no cálculo de exercícios básicos de adição com ultrapassagem.
4. Avaliação da eficácia do sistema de actividades.

Para a investigação que se segue, são propostos os seguintes métodos e técnicas teóricos.

Histórico-lógico. Permitiu conhecer o fenómeno em estudo nos seus antecedentes e tendências actuais, o que permitiu estabelecer as bases teóricas que sustentaram a investigação, refletir logicamente a essência, a necessidade e a regularidade do comportamento no seu desenvolvimento do processo de ensino-aprendizagem da Matemática em alunos do 3º ano, a partir do desenvolvimento das ideias estudadas.

Indutivo-dedutivo: Partir do geral para o particular, do estudo específico das competências nos exercícios básicos de adição com ultrapassagem no terceiro ano.

Análise-Síntese: Interpretar os postulados teóricos relacionados com o processo de ensino-aprendizagem da Matemática em alunos do 3º ano e sintetizar as questões primárias e gerais.

Estrutural sistémica: Relacionar os parâmetros do sistema de actividades, do mais simples ao mais complexo.

Os métodos de nível empírico utilizados foram os seguintes:

1. Teste pedagógico: Tinha como objetivo conhecer o estado real dos conhecimentos e das competências que o aluno possui nas competências de cálculo dos exercícios básicos de adição com ultrapassagem no terceiro ano.
em cálculo nos alunos do terceiro ano da escola Reinaldo León Yera.

2. Observação: Para conhecer a situação real das competências no cálculo da adição com excedente no terceiro ano.
3. As entrevistas com os professores de Matemática revelaram as principais dificuldades dos alunos no que diz respeito às competências de cálculo dos exercícios básicos de adição com repetição no terceiro ano.
4. Inquéritos a professores e metodólogos da disciplina de Matemática para obter informações sobre os conhecimentos dos alunos sobre as competências no cálculo de exercícios básicos de adição com ultrapassagem.
5. Será utilizado o método experimental (desenho pré-experimental): Validar um sistema de actividades para desenvolver competências nos alunos do terceiro ano da escola Reinaldo León Yera.

Métodos estatísticos: permitiram computar os dados obtidos pela via empírica.

A população selecionada para esta investigação é composta pelo grupo do terceiro ano da escola Reinaldo León Yera.

Um total de dezassete estudantes e a amostra corresponde à população.

A novidade científica: consiste na elaboração de um sistema de actividades para o desenvolvimento de competências no cálculo de exercícios básicos de adição com repetição em alunos do terceiro ano.

A contribuição prática: um sistema de actividades para o desenvolvimento das competências numéricas dos alunos do terceiro ano da escola Reinaldo León Yera.

CAPÍTULO I: FUNDAMENTAÇÃO TEÓRICA DO PROCESSO DE ENSINO-APRENDIZAGEM DA MATEMÁTICA.

1.1- Panorama histórico do aparecimento e desenvolvimento da Matemática

Esta situação, que tem uma manifestação universal, está também presente em Cuba. Por exemplo, em 1984, a situação do ensino da Matemática no nível secundário foi reconhecida como um problema a ser resolvido no país. O Seminário Nacional do Ministério da Educação (MINED) falava de "formalismo no ensino da Matemática" como forma de significar a fraca contribuição da disciplina para a aprendizagem significativa dos alunos. A qualidade do conhecimento que os alunos têm dos números e as suas capacidades e competências para trabalhar com eles têm uma grande influência na eficácia do tratamento posterior da numeracia com esses números. A matemática representa o estudo das relações entre quantidades, grandezas, propriedades e as operações lógicas utilizadas para reduzir propriedades desconhecidas. É uma ciência com mais de 2000 anos, embora atualmente esteja estruturada e organizada. Esta operação demorou muito tempo. No passado, a matemática era considerada como a ciência da quantidade, referindo-se a grandezas (como na geometria), a números (como na aritmética) ou à generalização de ambos (como na álgebra). Em meados do século XIX, a matemática começou a ser considerada como a ciência das relações, ou como a ciência que produz condições necessárias. Esta última noção engloba a lógica matemática ou lógica simbólica - a ciência que utiliza símbolos para gerar uma teoria exacta de dedução ou inferência lógica baseada em definições, axiomas, postulados e regras que transformam elementos primitivos em relações e teoremas mais complexos. De facto, a matemática é tão antiga como a própria humanidade. Encontra-se em desenhos pré-históricos em cerâmica, têxteis e em pinturas rupestres (onde se podem encontrar provas de sentido geométrico e de interesse por figuras geométricas). Os sistemas de cálculo primitivos baseavam-se, provavelmente, na utilização dos dedos de uma ou duas mãos (preste atenção enquanto as crianças contam), o que é evidente pela grande abundância de sistemas numéricos cujas bases são os números 5 e 10. As primeiras referências a uma matemática avançada e organizada remontam ao terceiro milénio a.C., na Babilónia e no Egito. Esta matemática era dominada pela aritmética, com algum interesse pela medição e pelos cálculos geométricos e nenhuma medição de conceitos matemáticos como axiomas e provas. Os primeiros livros egípcios, escritos por volta de 1800 a.C., apresentam um sistema de numeração decimal com símbolos diferentes para potências sucessivas de 10 (1,10,100,...), semelhante ao sistema utilizado pelos romanos. Os números eram representados escrevendo o símbolo do 1 tantas vezes quantas as unidades do número, o símbolo do 10 tantas vezes quantas as dezenas do número e assim por diante. Para adicionar números, as unidades, dezenas e centenas... de cada número eram adicionadas separadamente. A multiplicação baseava-se em duplicações sucessivas e a divisão era o processo inverso (Encarta 2006).

O rápido desenvolvimento da microeletrónica nos últimos anos tornou obsoletos os resultados de ontem. Os computadores tornaram-se mais baratos e as suas possibilidades de aplicação aumentaram. Atualmente, os computadores não são utilizados apenas para resolver problemas numéricos de grande escala em tecnologia e economia, mas numa vasta gama de domínios. A utilização de computadores em todos os domínios da atividade humana tornou ainda mais rápido o desenvolvimento e a aplicação da ciência e da tecnologia na educação, nos serviços, na economia e na sociedade em geral. O desenvolvimento alcançado pela ciência contemporânea promoveu uma série de transformações em todas as esferas da vida económica e social. Essas transformações também são sentidas no campo da educação. O desenvolvimento harmonioso da personalidade das novas gerações, a conceção científica do mundo e a preparação de profissionais altamente qualificados, de acordo com as exigências da Revolução Técnico-Científica e as necessidades económicas do país, exigem a melhoria da qualidade das escolas em geral. A inserção das novas tecnologias de informação e comunicação no sistema educativo desde a mais tenra idade é uma parte essencial das profundas transformações que a Revolução está a levar a cabo com grande esforço neste domínio, com o objetivo de melhorar a qualidade da aprendizagem.

No entanto, há dificuldades na adição com excedentes no terceiro ano do ensino médio, pois eles não respondem com habilidades de cálculo, faltam-lhes competências no mesmo. A inserção de software educativo contribui para a concretização destes objectivos, porque através deles o aluno interage com informação de diferentes fontes: textos, gráficos, áudio, vídeos, animações, fotografias, tabelas, diagramas, mapas e exercícios. Hoje em dia, a escola cubana tem à sua disposição uma variedade de software educativo que dispõe de todos estes recursos, os quais, combinados, possibilitam o desenvolvimento de competências intelectuais gerais (observação, classificação, comparação, avaliação) que se manifestam no aumento dos processos de análise, síntese, abstração e generalização como base de um pensamento que visa penetrar na essência das relações entre factos e fenómenos. As exigências feitas em relação ao elevado grau de protagonismo que o aluno deve ter no processo de ensino-aprendizagem requerem uma conceção diferente do papel que o professor deve assumir na sua organização e direção. Estas transformações devem ter lugar na ordem de conceção, exigência e organização da atividade, bem como nas tarefas de aprendizagem concebidas, conseguindo assim a participação do aluno e a procura e utilização do conhecimento. O desenvolvimento de actividades instrucionais em que os exercícios são utilizados como meio de ensino implica ter um amplo conhecimento dos conteúdos que cada um aborda e de todas as suas possibilidades. A entrada dos computadores na educação não foi um acontecimento casual, mas um passo lógico no desenvolvimento da ciência que a estuda e colocou nas mãos dos pedagogos uma ferramenta poderosa e versátil que pode ser explorada com grande sucesso didático. Por todas estas razões, e tendo em conta a importância da educação no país como uma das conquistas fundamentais da Revolução Cubana, todos os responsáveis pelo desenvolvimento do processo de ensino-aprendizagem nos diferentes níveis do Sistema Educativo Nacional estão a fazer um esforço cada dia maior para introduzir mudanças destinadas a obter melhores resultados na educação das novas gerações. Por estas razões, o Ministro da Educação definiu como uma das suas linhas fundamentais de trabalho as exigências feitas em relação ao elevado grau de protagonismo que o aluno deve ter no processo de ensino-aprendizagem, o que requer uma conceção diferente do papel que o professor deve assumir na sua organização e gestão.

1.2 Fundamentação teórica do processo de ensino-aprendizagem da Matemática no terceiro grau.

Neste capítulo é feita uma análise histórica do processo de ensino-aprendizagem da Matemática, são caracterizadas as competências de cálculo matemático, bem como os aspectos que de alguma forma influenciaram o desenvolvimento das competências dos alunos no cálculo matemático da adição com limite 10000 no Ensino Básico (EAC) e a sua influência no processo de ensino-aprendizagem.

A Matemática é uma das ciências mais antigas cujo desenvolvimento foi estimulado pela atividade produtiva do homem que, como ciência particular, com um objeto de estudo próprio, recebeu desde o seu aparecimento a maior influência das ciências naturais para a formação de novos conceitos e métodos matemáticos. O ensino da matemática na educação dos alunos do terceiro ciclo do ensino básico consiste no facto de não só preparar os alunos para a sua incorporação na vida social e profissional, mas também contribuir para a correção das suas deficiências. O ensino da matemática desenvolve o pensamento dos alunos do terceiro ciclo, conseguindo uma melhoria progressiva da análise, da síntese e da generalização. Na história da matemática, há muitos exemplos que mostram como os problemas das ciências naturais foram a génese de teorias importantes como o cálculo diferencial e integral, que surgiu como o método mais geral de resolução de problemas matemáticos, a teoria dos polinómios em relação à investigação da máquina a vapor e muitos outros casos podem ser citados, que mostram que a matemática é o resultado da atividade produtiva dos homens e que os novos conceitos e métodos que compõem as suas teorias tiveram as suas raízes nos fundamentos, em problemas concretos de outras ciências.

A peculiaridade da relação da matemática com as outras ciências, a partir da aplicação de métodos matemáticos nas ciências naturais, nos diferentes períodos do seu desenvolvimento, tem sido enquadrada em duas facetas, como assinala K. Ribnikov (1987) no seu livro sobre a história da matemática afirma:

- "A escolha da adição com excedente matemático que corresponde aproximadamente ao fenómeno ou processo, ou seja, do modelo, e a procura do método da sua solução".
- "A elaboração de novas formas matemáticas, uma vez que a aproximação do modelo matemático construído é inevitavelmente imperfeita. "1

Esta particularidade na aplicação dos métodos matemáticos até aos nossos dias é evidente no desenvolvimento da cibernética, da informática, da matemática discreta, do papel crescente nas ciências económicas, sociais e outras e o seu progresso depende da possibilidade de abstração do objeto de estudo e da escolha do esquema lógico dos conceitos abstractos que representam o conteúdo dos processos e fenómenos.

Durante quase metade do século passado, a matemática teve realmente como principal objetivo de investigação as propriedades e relações métricas em diferentes tipos de grandezas, estudou propriedades e relações de natureza matemática, abstraindo do seu conteúdo qualitativo, e foi por isso qualificada como uma ciência quantitativa.

Estudos de História da Matemática, como o de A. Aleskandrov (1980), na ânsia de diferenciar a matemática contemporânea da precedente, sublinham o seu carácter qualitativo, baseado no alargamento do seu objeto e no aprofundamento do grau de conhecimento desses objectivos.

A passagem da Matemática Moderna pelo uso generalizado do método axiomático deu-se após a descoberta das geometrias não-euclidianas e o aparecimento, no final do século XIX, da teoria dos conjuntos abstractos com o método axiomático levou ao conceito de estrutura matemática abstrata dos conjuntos criado por G. Cantor.

A síntese das ideias teóricas sobre a teoria dos conjuntos com o método axiomático conduziu ao conceito de estrutura matemática abstrata que foi fundamental para toda a matemática moderna e que serviu de premissa para um grupo de matemáticos franceses (o grupo de N. Bourbaki) empreender a tarefa de construir a matemática existente com base no conceito de estrutura, considerando esta ciência, na sua forma axiomática, como a acumulação de formas abstractas aplicáveis a um conjunto de elementos cuja natureza não está definida.

Esta transição para a Matemática Moderna, caracterizada por um maior crescimento dos níveis de abstração dos níveis matemáticos e das suas relações, constitui uma etapa qualitativamente nova no desenvolvimento do conhecimento matemático, que marca uma diferença qualitativa e radical da Matemática atual em relação a tudo o que a precedeu. O estudo das estruturas matemáticas contribuiu grandemente para o alargamento do campo de aplicação dos métodos matemáticos modernos, alguns deles como a teoria dos grupos e das estruturas algébricas e a análise funcional, que são expressões do desenvolvimento e generalização de conceitos e ideias da matemática clássica, e outros como a teoria dos jogos e a tomada de decisões, que respondem às necessidades das ciências sociais. A matematização da ciência é vista como um processo de duplo crescimento das ciências concretas e da matemática, que se manifestou na emergência e no desenvolvimento bem sucedido de ciências como a física das partículas elementares, a química quântica, a biologia molecular e muitas outras.

Como caraterística da revolução científico-técnica contemporânea, a aplicação crescente de métodos matemáticos nos mais diversos domínios da ciência e da tecnologia exige uma nova compreensão do objeto e dos métodos da matemática contemporânea. O conteúdo do objeto da matemática foi enriquecido de tal forma que conduziu a uma reestruturação e a uma mudança na totalidade dos seus problemas importantes. Partimos do princípio de que o objeto da matemática se enriquece em relação inseparável com as exigências da tecnologia e das ciências naturais, condição necessária para compreender o lugar desta ciência na atividade produtiva e social do homem, que não a reduz apenas a uma ciência abstrata que estuda relações quantitativas e formas espaciais distantes da realidade. A compreensão do objeto da matemática contemporânea e do seu papel no desenvolvimento científico e técnico conduz à análise do que deve ser aprendido em matemática, do que um homem precisa nos tempos que correm para enfrentar a investigação matemática, mas, essencialmente, para enfrentar a grande diversidade de outros problemas que requerem métodos matemáticos para a sua solução, desde os problemas domésticos até aos problemas científicos mais complexos. A matemática compreende os factores que intervêm e tornam possível o ensino e a aprendizagem da matemática e, na última década, vários autores têm reconhecido a influência decisiva das posições filosóficas e das teorias epistemológicas no conhecimento matemático. No seu sentido lato, não se restringe à interação professor-aluno durante a aula, mas vai mais além, abrangendo outros factores que intervêm no processo de ensino-aprendizagem, tais como: "a conceção e o desenvolvimento de planos e programas de estudo, manuais escolares, metodologias de ensino, teorias de aprendizagem e a construção de quadros teóricos para a investigação educacional, que são postos em prática com base nas concepções filosóficas e epistemológicas que o professor e os alunos têm sobre a matemática "2. A conceção filosófica dominante da matemática (formalista, realista, construtivista, etc.) gerou um tipo de atividade matemática em cada etapa do desenvolvimento desta ciência, e uma determinada prática educativa foi produzida com base nesta conceção. Na conceção formalista da matemática, por exemplo, que prevaleceu na primeira metade deste século, esta disciplina aparece como um corpo estruturado de formas, alheio ao significado dos objectos. Por sua vez, na conceção epistemológica que entende os objectos da Matemática numa realidade, que reconhece a sua existência independente do sujeito, baseada no realismo epistemológico de Platão e Aristóteles, propõe-se como consequência que conhecer a Matemática é reconhecer os objectos matemáticos através de processos de abstração e generalização nos objectos corpóreos da natureza e sob esta conceção, a atividade matemática aproxima-se do processo de descoberta do matemático.M. Santos (1990), ressalta, nesse sentido, que a aprendizagem da Matemática é importante o processo e o sentido que os alunos mostram no desenvolvimento ou construção das ideias matemáticas, ressalta ainda que aprender conceitos sobre números, resolver equações, fazer gráficos de funções, etc, não é desenvolver a Matemática. "Fazer ou desenvolver matemática inclui resolver problemas, abstrair, inventar, testar e dar sentido às ideias matemáticas".3.

Como indicado, o conhecimento, na perspetiva construtiva, é sempre contextual e nunca está separado do sujeito, que é quem atribui ao sujeito uma série de significados que determinam concetualmente o objeto.

A aprendizagem da Matemática deixou de ser entendida como a simples acumulação de conceitos, teoremas ou procedimentos de uma determinada ordem ou relação, o que levou a que esta ciência fosse entendida como algo estático, como um complexo de termos e símbolos que o aluno tem de dominar. Na análise das novas tendências do ensino da matemática no nível intermédio, autores como Panizza e Sadovki (1992) são de opinião que "fazer matemática significa elaborar definições em vez de repetir definições dadas por outros; significa procurar exemplos em vez de os pedir; significa propor contra-exemplos quando se quer demonstrar que uma propriedade não é válida; significa encontrar significado nas hipóteses de um teorema; significa fazer perguntas e respondê-las".

É importante nesta posição que também reconheçam a necessidade de ter em conta os processos ou actividades dedutivas que contribuem para os modos de produção e validação da matemática como ciência formal, o que pode ser válido a partir do nível intermédio de ensino, mas é questionável o lugar que devem ocupar aqueles processos de interação que proporcionam as experiências necessárias para reconhecer não só o significado desses conceitos e exemplos, mas também a sua aplicabilidade e existência na realidade objetiva. Finalmente, para fazer referência às tendências contemporâneas da educação matemática, é essencial citar Miguel de Guzmán (1992), que, com base na análise dos principais movimentos, transformações e resultados das últimas décadas, conclui que o atual panorama educativo da educação matemática em Espanha é muito diferente do do resto do mundo, Conclui que o atual panorama educativo da Matemática estas tendências gerais partem da pergunta sobre o objeto da atividade matemática e da clarificação do que é a tarefa matemática e a sua influência sobre o que deve ser o ensino da

Matemática, assume que a atividade matemática se depara com um certo tipo de estruturas que se prestam a alguns modos peculiares de tratamento que incluem: a simbolização adequada, a manipulação racional rigorosa e o domínio efetivo da realidade a que se dirige.

1.3 Caracterização do desenvolvimento de competências de cálculo matemático em exercícios básicos de adição com ultrapassagem no terceiro ano de escolaridade.

No desenvolvimento mental geral dos alunos, os exercícios de cálculo matemático são importantes para a memorização de exercícios básicos de adição com ultrapassagem.

Um passo importante na resolução deste tipo de exercícios é a memorização dos básicos até ao limite 10 nas primeiras classes, onde a criança começa a resolver cálculos simples que se tornam mais complexos na resolução de exercícios com ultrapassagens até ao limite 20.

O trabalho continua no terceiro ano quando se trabalha a consolidação das competências de cálculo desenvolvidas na adição e subtração de números naturais até 1000 e se inicia a resolução de exercícios com números naturais até 1000. Pode pensar-se que aqui o aluno tem todas as competências para memorizar e resolver exercícios de cálculo, mas não é o caso, pois podem surgir novas situações que enriquecem o trabalho com estes exercícios. Um contributo importante em novas situações é dado pela utilização de exercícios dinâmicos e práticos onde o aluno menor interage activando os seus processos psíquicos.

Considera-se que o estado atual do domínio dos alunos do terceiro ano na resolução de exercícios de cálculo matemático apresenta dificuldades, uma vez que não são capazes de memorizar e resolver sozinhos cálculos orais e escritos. Além disso, é-lhes difícil resolver exercícios.

Os alunos do terceiro ano têm dificuldades nos cálculos matemáticos, mesmo quando dominam as operações básicas, pelo que é necessário recorrer a métodos especiais. É importante que os alunos memorizem as igualdades e, para isso, o professor pode orientar diferentes actividades que estimulem a participação dos alunos, uma das quais é a utilização de jogos didácticos. Sabe-se que neste grau do ensino primário, em relação à idade dos alunos, uma das actividades fundamentais é o jogo. É por isso que é necessário associar o estudo ao jogo ou vice-versa. Estes jogos, quando bem utilizados e preparados com todos os seus requisitos, ajudam os alunos a assimilar, exercitar e aplicar os seus conhecimentos, conseguindo assim o desenvolvimento de competências.

Segundo C. Rizo - (1985:42) no tópico relacionado sobre a formação de competências e habilidades no ensino da Matemática ele afirma "que o desenvolvimento de habilidades em cálculo são componentes automatizados da atividade consciente. Surgem através de acções realizadas, primeiro conscientemente, cujos actos parciais se fundamentam através da repetição e prática frequentes da mesma atividade até se tornarem um ato unificado. O desenvolvimento das competências em cálculo, as capacidades e os conhecimentos integram-se fundamentalmente no poder de um desempenho uniforme".

Concordamos com este critério nas aulas de matemática, nomeadamente nas aulas de exercícios, onde se incluem exercícios repetidos, mas também variados, incluindo a resolução de exercícios com texto, tabelas, equações e problemas. Nestas aulas, os alunos devem ser mantidos motivados, o professor deve estruturar a aula de uma forma agradável e interessante, motivando o interesse dos alunos pela aprendizagem. Dentre essas atividades, a mais eficaz é a utilização de jogos didáticos, que permitem aos alunos estabelecerem competições, encontros de conhecimentos, entre outros, possibilitando assim o desenvolvimento de habilidades matemáticas em cálculo. Na Metodologia do Ensino da Matemática, segundo S. Osvaldo (1991:107), habilidade é a capacidade do homem de realizar qualquer ação. O grupo de autores do livro Metodologias do Ensino da Matemática da primeira à quarta série, Volume I (1976:184) define habilidade como as ações que o sujeito deve assimilar e, portanto, dominar do mais baixo ao mais alto grau e que, nessa medida, lhe permite um desempenho adequado na relação de determinadas tarefas.

A análise do que precede mostra que não existe qualquer contradição entre eles.

CAPÍTULO II: SISTEMA DE ACTIVIDADES PARA O DESENVOLVIMENTO DAS COMPETÊNCIAS DE CÁLCULO NA ADIÇÃO ELEMENTAR COM EXERCÍCIOS DE ULTRAPASSAGEM

Este capítulo analisa o diagnóstico da situação atual do cálculo de exercícios de adição elementar com ultrapassagem em alunos do terceiro ano, e mostra também a base teórica do sistema de actividades para a melhoria das competências de cálculo em exercícios de adição elementar com ultrapassagem em alunos do terceiro ano; finalmente, é feita uma validação da experiência, mostrando os resultados obtidos após a aplicação do sistema de actividades.

2.1 Diagnóstico da situação atual do desenvolvimento das competências de cálculo nos exercícios de adição elementar com repetição.

Estes instrumentos incluíam o teste pedagógico inicial (anexo 1) aplicado a 17 alunos do terceiro ano da escola primária Reinaldo León Yera com o objetivo de determinar o estado atual do desenvolvimento de competências no cálculo de exercícios básicos de adição com excedente através de um cálculo oral, onde os resultados não foram muito lisonjeiros (anexo 2).

Dos 17 alunos, 11 obtiveram 64,7% de aprovação e 6 reprovaram 35,3%. Ao analisar os resultados alcançados, apenas 11,8% (dois alunos) atingiram a categoria de excelente (E), dominam completamente todos os exercícios básicos de adição com repetição, têm todas as competências necessárias para o cálculo, não cometem erros; 17,6% (três alunos) obtiveram a qualificação de MB, dominam os exercícios básicos de adição com repetição, mas não conseguem fazê-lo de forma rápida e exacta, cometem erros de cálculo.

23,5% (quatro alunos) atingiram a avaliação B, dominam completamente apenas alguns destes exercícios de base, os outros são resolvidos com ajudas como os dedos, cometem erros em menos de quatro cálculos; 11,8% (dois alunos) conseguem calcular metade dos exercícios, reconhecem corretamente a operação, utilizam várias vezes meios auxiliares para responder ao cálculo, não são rápidos nem precisos, e 35,3% (seis alunos) não conseguem calcular menos de metade dos exercícios, utilizam sempre os dedos como meio de resolução do exercício, utilizam por vezes conjuntos e confundem as operações.

Ao aplicar uma entrevista individual (anexo 3) aos 17 alunos do 3º ano de escolaridade com o objetivo de recolher informação sobre a forma como desenvolvem as operações matemáticas de adição com ultrapassagem, o percurso que utilizam para a solução, bem como o nível de desenvolvimento alcançado nas competências de rapidez e precisão, obtiveram-se os seguintes resultados.

88,8% (15 alunos) foram capazes de reconhecer o sinal de adição com ultrapassagem de forma rápida e exacta, apenas 11,2% (dois alunos) não foram capazes de reconhecer o símbolo de adição com exatidão.

Relativamente à via utilizada pela criança para calcular o exercício dado, verificou-se que 47,1% (oito alunos) utilizam os dedos como forma de resolver o cálculo, não tendo atingido a competência de rapidez, 5,8% (um aluno) utilizam os conjuntos como forma de resolver o cálculo e 47,1% (oito alunos) utilizam a via mais adequada para o cálculo; a memória, atingindo assim as competências de rapidez e precisão.

No cálculo dos exercícios de adição elementar com ultrapassagem, 11,8% (dois alunos) respondem de forma rápida e precisa, pelo que se pode deduzir que a maioria dos alunos não memoriza corretamente todos os exercícios de adição elementar com ultrapassagem, não possuindo as competências necessárias para o domínio completo destes exercícios; 35,2% (seis alunos) têm de pensar um pouco e depois responder ao cálculo, pelo que se demonstra que não desenvolveram a capacidade de rapidez, pelo que se privilegia a precisão, 47,1% (oito alunos) têm de utilizar os dedos para efetuar o cálculo. Esta dificuldade leva ao facto de os alunos não terem desenvolvido a capacidade de rapidez e precisão, criam hábitos e costumes, os cálculos não são conscientes e apenas 5,8% (um aluno) não consegue dominar o cálculo oral, precisa de fazer conjuntos de bolas ou linhas.

Depois de ter analisado a entrevista, verificou-se que mais de 70% dos alunos não conseguem memorizar os exercícios básicos de adição com ultrapassagem, ou seja, não possuem as competências necessárias para a realização satisfatória desta atividade. Todas estas dificuldades centram-se no método de resolução, pois fazem-no com os dedos, através da imaginação, conjuntos, etc. Isto influencia negativamente o desenvolvimento de competências com rapidez e precisão, nestes alunos verificou-se que não fazem um esforço intelectual para analisar ou raciocinar sobre a solução de um determinado exercício de cálculo, mostram que se sentem mais confiantes quando efectuam os cálculos com os dedos do que quando o fazem conscientemente utilizando a memória.

No que respeita ao tempo necessário para resolver um exercício de cálculo de adição, 30,4% (5 alunos) calcularam um exercício básico de adição em menos de três segundos e 70,6% (12 alunos) calcularam um exercício básico de adição em mais de cinco segundos.

No que diz respeito à eficácia com que os alunos realizam os cálculos, pode destacar-se que apenas 11,8% (dois alunos) não conseguem resolver corretamente metade dos exercícios propostos na aula, 20,6% (três alunos) conseguem realizar mais de metade dos exercícios da aula e 70,6% (12 alunos) conseguem calcular conscientemente e com precisão todos os cálculos escritos previstos na aula.

Através da análise da observação dos alunos do terceiro ano do ensino médio nas aulas de matemática, foi possível determinar que as maiores dificuldades dos alunos no que diz respeito ao domínio de exercícios básicos de adição com ultrapassagem residem no fato de que o método de solução utilizado pela maioria dos alunos não é o correto, pois não conseguem desenvolver as habilidades de rapidez e precisão, gastam muito tempo calculando, fazem desse método uma necessidade, um hábito, um costume.

2.2 Base teórica do sistema de actividades.

Como resultado das dificuldades detectadas ao longo da investigação, esta secção contém os fundamentos teóricos do sistema de actividades que permitirá e elevará o nível de desenvolvimento de competências de conhecimento sobre o cálculo de exercícios básicos de adição com excedente em alunos do terceiro ano. Propõe-se um sistema de actividades com as seguintes caraterísticas.

- Carácter integrador. Abrange diferentes componentes da matemática (exercícios formais, exercícios com tabelas, com texto e problemas), e consegue um desenvolvimento eficaz das capacidades de cálculo desde o nível reprodutivo até ao nível explicativo.
- Carácter flexível. Estes sistemas de atividade podem ser utilizados em actividades pedagógicas, nomeadamente em actividades de exercício, podem ser utilizados como entretenimento durante os intervalos, bem como em actividades extracurriculares e recreativas.
- Carácter orientador. Serve como um guia metodológico para a preparação de actividades de cálculo sobre exercícios básicos de adição com sobreposição com alunos do terceiro ano.
- Carácter competitivo. Para expandir, avaliar os resultados alcançados.

O sistema de actividades é composto por várias regularidades

- Ter uma dimensão suficiente para poder ser observado por todos os alunos.

- Conceber para atrair a atenção dos alunos
- Colocar num local visível
- Ligação com os aspectos educativos
- Participação de todos os alunos
- Ser acessível em função do grau e da idade

Algumas das vantagens que o sistema de actividades lhe oferece

- A maior parte das componentes da matemática é trabalhada.
- Exige um nível de independência
- Ajuda a adquirir conhecimentos e competências de cálculo da adição básica com exercícios de ultrapassagem.
- Permitem que os alunos façam avaliações e auto-avaliações.

Conteúdo abordado no sistema de actividades.

- Adição de números
- Formação de grupos ou pares de exercícios básicos
- Reconhecimento de termos
- Determinar as partes e o todo
- O sistema de actividades pode ser utilizado nas aulas de exercícios na disciplina de Matemática do terceiro ano, cumprindo o seu objetivo na unidade #1 e no tema 1.3 do primeiro período, estas actividades podem ser adaptadas a outros conteúdos das diferentes unidades, apenas que ao elaborar os exercícios se tenha em conta que estes se ajustam aos objectivos do programa e à unidade que está a ser trabalhada.

O sistema de actividades é composto por 20 actividades, repartidas da seguinte forma.

Atividade 1 "O dado do cálculo

Atividade 2 "A cadeia de cálculo".

Atividade 3 "Para onde vou".

Atividade 4 "Eu sou uma soma".

Atividade 5 "Moldar a igualdade de oportunidades

Atividade 6 "Calculando voy pintando" (Calculando enquanto pinto)

Atividade 7 "Quem sou eu?

Atividade 8 "Como é que eu resolvo isto?"

Atividade 9 "Resolver e memorizar".

Atividade 10 "Calcular".

Atividade 11 "Completar os valores".

Atividade 12 "Eu brinco e construo

Atividade 13 "Eu adiciono e resolvo".

Atividade 14 "Continuar a procurar".

Atividade 15 "O meu cálculo favorito

Atividade 16 "Aprendi a jogar".

Atividade 17 "O País dos Números

Atividade 18 "Happy Calculé" Atividade 18 "Happy Calculé" Atividade 18 "Happy Calculé" Atividade 18 "Happy Calculé" Atividade 18 "Happy Calculé

Atividade 19 "Encontrei o que estava perdido" Atividade 19 "Encontrei o que estava perdido" Atividade 19 "Encontrei o que estava perdido

Atividade 20 "Eu resolvo problemas".

As actividades #1, 2, 3, 4, 5 e 6, 9, 10, 11, 12, 15, baseiam-se na resolução de exercícios formais, muito simples de acordo com o conteúdo de cada grau e requerem todos os dados necessários para a sua posterior solução, constituindo a base para os exercícios de aplicação.

As actividades n.º 7, 16, 17, 18 e 19 permitem trabalhar os exercícios com texto e tabelas onde se procura um valor ou termo desconhecido na solução de uma igualdade.

As actividades nº 8, 13, 14 e 20 permitem a resolução de problemas em que as partes e o todo são determinados, são dadas soluções para diferentes situações da vida, oferecem dados de uma forma lógica que permite responder à questão colocada.

2.3 Proposta metodológica do sistema de actividades

As orientações metodológicas para a aplicação do conjunto de exercícios requerem a elaboração de um sistema de actividades. Foram seguidos os critérios dos autores consultados na fundamentação teórica, que reconhecem a necessidade de trabalhar este conteúdo em estreita ligação com as actividades, tendo em conta as caraterísticas da idade dos alunos; o sistema de actividades que pode ser utilizado nas aulas de Matemática, nos intervalos, nas actividades lúdicas e extracurriculares é apresentado a seguir.

Atividade 1

Nome: O dado do cálculo.

Objetivo. Calcular oralmente e de forma competitiva em equipas exercícios básicos de adição com o desenvolvimento de capacidades de destreza, rapidez e precisão no cálculo, valores de companheirismo, honestidade e solidariedade.

Conteúdo: Exercícios formais sobre o cálculo de exercícios básicos de adição com ultrapassagem em alunos do terceiro ano do ensino básico.

Actividades a realizar: Os alunos devem calcular oralmente, com rapidez e precisão os exercícios básicos de adição com ultrapassagem que seriam formados quando os dados são lançados, para os exercícios são utilizados os dois dados, formando exercícios de adição como.

9+4	**9+7**	**8+4**	**8+7**	**7+5**	**6+5**	**5+5**
9+5	**9+8**	**8+5**	**8+8**	**7+6**	**6+6**	
9+6	**9+9**	**8+6**	**7+4**	**7+7**	**6+7**	

Na resolução destes exercícios, podem ser associados a conteúdos de numeracia, tendo em conta as diferenças individuais dos alunos, e outros conteúdos podem ser integrados no exercício.

Metodologia: A sala de aula é dividida em dois grupos, os dados são colocados num local visível para todos os alunos da sala de aula (estes dados devem ter 8 a 10 centímetros cúbicos, ter cores marcantes no contorno dos números), um aluno da equipa vermelha é enviado para iniciar a atividade e as crianças da outra equipa continuam a fazê-lo à vez. Para que os alunos sejam capazes de resolver os exercícios, é-lhes mostrado um.

Atividade 2

Nome: A cadeia de cálculo.

Objetivo: Calcular oralmente, com rapidez e precisão, uma cadeia de exercícios elementares de adição utilizando um sistema de actividades que permite o desenvolvimento de competências matemáticas.

Conteúdo: Cálculo com exercícios básicos de adição com ultrapassagem em actividades lectivas e não lectivas da disciplina de Matemática no terceiro ano do ensino básico.

Metodologia: Esta atividade pode ser desenvolvida pelos alunos, dependendo da atividade.

Atividade 3

Nome: Para onde vou

Objetivo: Fazer corresponder o cálculo dos exercícios de adição elementares com a ultrapassagem de forma coerente e precisa através de uma atividade que permite desenvolver as capacidades de cálculo.

Conteúdo: Fazer corresponder as igualdades de adição e de excedente com os respectivos resultados.

Actividades a desenvolver: Motivação para o cuidado e proteção das flores e borboletas. Relacionar os diferentes exercícios de cálculo com os resultados correspondentes.

Metodologia: As igualdades são colocadas em cada uma das flores com exercícios básicos de adição com sobreposição, e os exercícios de adição que correspondem às igualdades são colocados nas borboletas.

Atividade 4

Nome: Eu sou uma soma

Objetivo: Reconhecer, através de diferentes sinais de adição, o sinal correspondente.

Conteúdo: Formar as igualdades de adição com o sinal apropriado.

Actividades a realizar: Realiza-se um breve debate sobre a utilização dos sinais que representam a operação de adição e o seu significado prático.

Metodologia: Será dada a um aluno uma atividade que corresponda à primeira igualdade.

Atividade 5

Nome: Formar igualdades

Objetivo: Formar igualdades de adição com ultrapassagem, calculando com os exercícios básicos de adição com ultrapassagem, através de uma atividade que permita o desenvolvimento de competências de cálculo matemático.

Conteúdo: Formação de igualdades de adição a partir de uma dada soma.

Actividades a realizar: Motivar com uma atividade como a seguinte:

Que exercícios básicos devo acrescentar 18?

Insistir no facto de que quando um número é colocado no centro da figura geométrica e é maior do que 10 significa a formação de igualdades de adição com exercícios básicos.

Metodologia: Mostre aos alunos a atividade, o professor colocará um número qualquer na figura no centro e a atividade começa.

Atividade 6

Nome: Calculando voy pintando

Objetivo: Calcular rápida e corretamente exercícios básicos de adição com ultrapassagem através de uma atividade e, por sua vez, efetuar o cálculo.

Conteúdo: Cálculo de exercícios básicos de adição com ultrapassagem.

Actividades a realizar: Motivar os alunos para o conhecimento das diferentes figuras geométricas (salientando as caraterísticas gerais) e para a importância da utilização das cores para dar vida às coisas e torná-las coloridas.

Metodologia: Colocar num lugar visível a silhueta de cada um dos desenhos (casa e barco) e colocar as figuras geométricas que compõem essas silhuetas sobre a mesa, onde em cada uma delas aparecem exercícios básicos de adição com sobreposição. A atividade começa quando um aluno responde corretamente ao cálculo que aparece na mesa, fazendo-o corresponder à silhueta do desenho. As silhuetas devem ter o mesmo número de elementos para serem pintadas.

Atividade 7

Nome: Quem sou eu?

Objetivo: Encontrar um número ou termo desconhecido para o comportamento de exercícios com tabelas e com adição com textos de ultrapassagem através de um sistema de actividades que lhes permita alargar o seu campo de conhecimentos.

Conteúdo: Encontrar valores e termos desconhecidos na adição de iguais com sobreposição através de trabalho com tabelas e exercícios com textos.

Actividades a desenvolver: Para motivar os alunos, estes serão questionados sobre os termos da adição.

Metodologia: O quadro de flanela é colocado num local visível da sala de aula e nele são inseridos os elementos necessários à atividade, quer se trate de exercícios com tabelas (variáveis) ou com textos (termos).

Atividade 8

Nome: Como é que o resolvo?

Objetivo: Raciocinar na resolução de uma variedade de problemas simples com exercícios básicos de adição com ultrapassagem através de um sistema de actividades que permite o desenvolvimento de competências em cálculo para aplicação prática.

Actividades a desenvolver: Motivar através da análise de um problema simples todos os passos necessários para a realização do raciocínio pelos alunos. Explicar o problema tendo em conta as suas partes e o todo.

Metodologia: Este sistema de actividades pode ser aplicado em qualquer aula de matemática onde existam exercícios deste tipo. O exercício é apresentado aos alunos que estão a realizar a atividade, os alunos devem representar os dados fornecidos pelo problema com figuras previamente preparadas, e depois substituí-los nas partes e no todo, perguntando-se: O que é que nos diz? Quais são as partes? O que é que eu quero encontrar?

Atividade 9

Nome: Resolver e memorizar

Objetivo: Encontrar um número desconhecido para completar exercícios básicos de adição com ultrapassagem utilizando o sistema de actividades.

Conteúdo: Encontrar valores desconhecidos em igualdades de adição com ultrapassagem utilizando o trabalho de igualdade.

Actividades a desenvolver: Para motivar os alunos, estes serão questionados sobre os termos da adição.

Metodologia: Coloca-se um cartão num local visível da sala de aula e introduzem-se os elementos a calcular, quer se trate de exercícios com duas ou três somas.

Atividade 10

Nome: Calcula

Objetivo: Calcular rapidamente os exercícios de base da adição com ultrapassagem através de um sistema de actividades em que os elementos geométricos são relacionados para dar cor ao desenho e, ao mesmo tempo, efetuar o cálculo.

Conteúdo: Cálculo de exercícios básicos de adição com ultrapassagem relacionados com figuras geométricas conhecidas.

Actividades a desenvolver: Motivar os alunos para o conhecimento das diferentes figuras geométricas e da sua importância.

Metodologia: Formar filas de alunos e colocar num local visível cada um dos desenhos (flor-árvore) e colocar sobre a mesa as figuras geométricas onde aparecem em cada uma delas os exercícios básicos de adição com sobreposição.

Atividade 11

Nome: Preencher as vogais

Objetivo: Preencher os espaços em branco com as vogais dos resultados obtidos ou termos para a realização de exercícios com tabelas.

Conteúdo: Encontrar termos desconhecidos na adição é igual a excedente, trabalhando com tabelas.

Actividades a realizar: Para motivar os alunos, os termos da adição ser-lhes-ão apresentados por escrito e depois explicados.

Metodologia: Esta atividade pode ser aplicada em qualquer aula de matemática onde existam exercícios deste tipo. Diz-se ao aluno que está a realizar a atividade e que deve completá-la com as vogais que fez.

Atividade 12

Nome: Juego y Construyo

Objetivo: Calcular com agilidade e destreza exercícios básicos de adição com ultrapassagem através de um jogo onde se relacionam elementos geométricos que dão cor ao desenho e ao mesmo tempo efectuam o cálculo.

Conteúdo: Cálculo de exercícios básicos de adição com ultrapassagem relacionados com figuras geométricas.

Actividades a desenvolver: Motivar os alunos para o conhecimento das diferentes figuras geométricas (realçar as suas caraterísticas).

Metodologia: Formar equipas e colocar em local visível cada um dos desenhos (flor) sobre a mesa figuras geométricas que os compõem, onde aparecem em cada um os exercícios básicos de adição com ultrapassagem. O jogo começa quando o aluno da primeira equipa pega num dos elementos geométricos; o cálculo que aparece nele é respondido corretamente e depois é feito corresponder ao desenho, o desenho deve ter a mesma quantidade de elementos quando pintado.

Atividade 13

Nome: acrescento e resolvo

Objetivo: Resolver habilmente exercícios básicos de adição com ultrapassagem.

Conteúdo: Resolução de exercícios básicos de adição com ultrapassagem.

Actividades a realizar: Motivar os alunos para o conhecimento das diferentes operações de cálculo em Matemática.

Metodologia: Formar filas de alunos na sala de aula e colocar no chão figuras geométricas que formam o círculo onde aparecem exercícios básicos de adição com sobreposição em cada uma delas. O jogo começa quando um aluno da primeira fila pega num dos elementos geométricos; se responder corretamente ao cálculo que nele aparece, o aluno fá-lo corresponder à circunferência.

Atividade 14

Nome: Continuar a procurar

Objetivo: Formar igualdades de adição com ultrapassagem, trabalhando com os exercícios de base conhecidos através de um sistema de actividades que permite o desenvolvimento de competências de cálculo matemático.

Conteúdo: Formação de igualdades de adição a partir de uma dada soma.

Actividades a realizar: Motivar com uma atividade como a seguinte:

Que exercícios básicos acrescentam 14?

Que exercícios básicos acrescentam 18?

Insistir quando uma figura geométrica é colocada no centro de um número e este é maior que 10 significa a formação de igualdades de adição com exercícios básicos.

Metodologia: Dividir a turma em duas equipas, o professor colocará um número qualquer na figura do meio e a atividade começará.

Atividade 15

Nome: O meu cálculo preferido

Objetivo: Reconhecer, através de diferentes igualdades de adição, o sinal que corresponde a cada uma delas, tendo em conta as caraterísticas dos termos.

Conteúdo: Formar igualdades de adição fazendo corresponder o sinal de cada uma das igualdades formadas.

Actividades a realizar: Discussão dos sinais que representam cada uma das operações de adição, o seu significado prático, bem como as caraterísticas de cada um dos termos.

Metodologia: Um aluno fará corresponder a primeira igualdade ao sinal correspondente, e os outros alunos também.

Atividade 16

Nome: Aprendi a tocar

Objetivo: Reconhecer, através de diferentes igualdades de adição, o sinal que corresponde a cada uma delas, tendo em conta os termos.

Conteúdo: Calcular igualdades de adição fazendo corresponder o sinal de cada uma das igualdades formadas.

Actividades a desenvolver: Discutir o uso dos sinais que representam cada uma das operações de adição e a relação entre os dois, bem como suas caraterísticas.

Metodologia: O aluno deve fazer igualdades que representem a soma.

Atividade 17

Nome: O país dos números

Objetivo: Reconhecer com precisão exercícios básicos de adição com sobreposição através de um mapa onde estão relacionados elementos que dão cor e, ao mesmo tempo, efetuar o cálculo.

Conteúdo: Reconhecimento dos exercícios básicos de adição com sobreposição relacionados com o mapa.

Actividades a desenvolver: Motivar os conhecimentos dos alunos sobre mapas (caraterísticas gerais), a importância e a utilização da coloração.

Metodologia: Formar equipas e colocar o mapa com a sua coloração num local visível, colocar as figuras que compõem o mapa (puzzle) sobre a mesa onde aparecem exercícios básicos de adição com sobreposição em cada uma delas, um aluno iniciará a atividade e os outros continuarão.

Atividade 18

Nome: Feliz calculé

Objetivo: Formar igualdades de adição com ultrapassagem, trabalhando com os exercícios básicos conhecidos de adição com ultrapassagem, através de um sistema de actividades que permite o desenvolvimento de competências de cálculo matemático.

Conteúdo: Formação de iguais de adição a partir de uma dada soma.

Actividades a realizar: Motivar com uma atividade como a seguinte:

O que é que este sinal representa (+)?

Será acrescentado?

Insistir no facto de que, quando olhamos para o sinal de adição, isso significa a formação de igualdades de adição com exercícios básicos.

Metodologia: O professor coloca um número qualquer na figura do centro e inicia a atividade.

Atividade 19

Nome: Encontrei o que estava perdido

Objetivo: Procurar um termo ou um número desconhecido para realizar exercícios de adição com textos sobrepostos através de um sistema de actividades que lhes permita alargar os seus conhecimentos de memorização.

Conteúdo: Encontrar valores ou termos desconhecidos na adição de iguais com ultrapassagem através de exercícios com textos.

Actividades a realizar: Para motivar os alunos, estes serão questionados sobre os termos da adição, que deverão depois ser explicados.

Metodologia: A sala de aula é dividida em dois grupos e o quadro de flanela é colocado num local visível da sala de aula e são inseridos os elementos com os quais a atividade vai ser realizada, quer sejam exercícios com textos (termos).

Atividade 20

Nome: Resolvo problemas

Objetivo: Raciocinar na resolução de uma variedade de problemas simples de adição elementar com exercícios de ultrapassagem através de um sistema de actividades que facilita o desenvolvimento de competências de cálculo para a sua aplicação prática.

Actividades a desenvolver: Motivar através da análise de um problema simples todos os passos necessários para a realização do raciocínio por parte dos alunos. Explicar tendo em conta as partes e o todo.

Metodologia: O sistema de actividades pode ser aplicado em qualquer aula de matemática onde existam exercícios deste tipo, o exercício é dado aos alunos que estão a executar a atividade, e depois eles substituem nas partes do exercício que estão a executar.

2. 4 Avaliação da eficácia do sistema de actividades.

Dos 17 alunos, 16 foram aprovados com 94,12% e 1 foi reprovado com 5,88%.

Ao analisar os resultados obtidos, apenas 24,9% (5 alunos) atingiram a categoria de excelente (E), dominaram completamente todos os exercícios básicos de adição com ultrapassagem, criaram todas as competências necessárias para o cálculo, não cometem erros; e 2 9,4% (5 alunos)

Os alunos dominam a adição básica com exercícios de ultrapassagem, mas não conseguem fazê-lo de forma rápida e exacta, cometem erros no cálculo.

23,5% (4 alunos) atingiram a avaliação de bom (B), dominam completamente apenas alguns destes exercícios básicos, os outros são resolvidos por meios auxiliares, cometem erros em menos de quatro cálculos; 11,8% (2 alunos) conseguiram calcular metade dos exercícios; reconhecem corretamente a operação; 5,88% (1 aluno) não conseguem calcular menos de metade dos exercícios, utilizam sempre os dedos para resolver o exercício, por vezes utilizam conjuntos e confundem as operações.

Após a análise deste teste pedagógico, verificou-se que as maiores dificuldades se encontravam na forma de resolver o cálculo e na rapidez com que os exercícios eram resolvidos; verificou-se também que os exercícios básicos de adição apresentavam dificuldades na solução com ultrapassagem.

Conclusões do capítulo

Este capítulo fornece informações detalhadas sobre o diagnóstico da situação atual do problema através da aplicação de vários instrumentos de medida quando avaliados qualitativa e quantitativamente, bem como a proposta de um sistema de actividades, a sua base teórica e a sua eficácia quando aplicado a alunos do terceiro ano.

CONCLUSÕES

A caraterização dos exercícios básicos de adição com ultrapassagem permitiu assinalar que a capacidade de memorização é de grande importância no processo de ensino-aprendizagem da matemática, pois é a base para os procedimentos escritos nas séries posteriores.

O processo de ensino-aprendizagem da matemática pode ser melhorado através de um sistema de actividades destinadas a desenvolver as capacidades de cálculo em exercícios de adição básica com ultrapassagem.

BIBLIOGRAFIA

ALBARRÁN PEDROSO, JUANA. Didático de la Matemática en la Escuela Primaria. Ciudad de La Habana. Ed. Pueblo y Educación, 2005.248p.

ÁLVAREZ PÉREZ, MARTHA. Tratamento da aritmética. -Pedagogia 2001. -Havana. -- 2001 (brochura).

ARISTOS. Diccionario ilustrado de la Lengua Española. Havana: Ed Pueblo y Educación, 1974. -- 692p.

BALLESTER PEDROSO, SERGIO. Metodologia do Ensino da Matemática. Tomo I. Ciudad de La Habana. Ed. Pueblo y Educación, 1992. 459p.

BALLESTER PEDROSO, SERGIO. Metodologia do Ensino da Matemática. Tomo II. Ciudad de La Habana. Ed. Pueblo y Educación, 2002. 336p.

BERNABEU PLOUS, MATILDE. Alternativa para desenvolver e treinar a capacidade de cálculo em primeiro lugar. -- Dissertação de mestrado -- ISP Enrique José Varona: Ciudad de la Habana, 1998. -- 187p.

BERNABEU PLOUS, MATILDE. Cuaderno Complementario Matemática tercer grado. Cidade de Havana. Ed. Pueblo y Educación, 2005. 37p.

BRITO, HÉCTOR. Psicología General para Institutos Superiores pedagógicos: Ed Pueblo y Educación: Ciudad de La Habana, 1987. - 213p.

CARRERO GONZÁLEZ, NITZA. Juegos Didácticos y Capacitación Profesional. Havana: Ed Pueblo y Educación, 1996. - 85p

CASANOBA, FRANSISCO. Uma estruturação do ensino e aprendizagem do cálculo e da numeracia nas primeiras séries do ensino fundamental. Dissertação de mestrado. - ISP Raúl Gómez García: Guantánamo, 2001. -121p.

CASTILLO, MAYELÍN. O tratamento das operações de cálculo no primeiro grau a partir da relação parte-todo. - Tese de licenciatura. - Escola Manuel Ascunce Domenech: Ciego de Avila, 2001. 129p.

CASTILLÓN LOXALA, JOSÉ ANTONIO. Brincar para aprender: Ciego de Ávila -- Escola Primária Marcelo Salodo, 1999. --23p.

FONSECA VELIZ, MARÍA ELENA. Competências de cálculo em alunos do primeiro e segundo ano do ensino básico. Dissertação de Mestrado. --Ciego de Avila, 2004. -- 132p.

FUNLABRADA, IRMA. Brincar e aprender Matemática. Actividades para divertir e trabalhar na sala de aula: México, 1991. -- 96p.

GARCÍA BATISTA, GILBERTO. Fundamentos da Investigação Educativa. Primeira parte. Cidade de Havana. Ed. Pueblo y Educación, 2001.15.

GEISLER CASTRO, VICENTE. Metodología de la Enseñanza de la Matemática de primer a cuarto grado. Havana: Pueblo y Educación, 1998. -- 179p.

GÓMEZ OLIVERA, EVANGELI0. Uma conceção metodológica para o ensino da Matemática no segundo grau. Evento Internacional Pedagogía 97: Ciudad de la Habana, 1997 (Paper).

GUTÍRRES MORENO, RODOLFO. Os componentes do processo pedagógico e a sua dinâmica. --ISP Félix Varela. --Villa Clara 1997. - (suporte magnético).

H, WUSSING. Conferência sobre História da Matemática: Ed Pueblo y Educación. Ciudad de la Habana. --282p. Indicaciones a los maestros de primaria para lograr habilidades de cálculo. -Ano letivo, 1986/1987. -- 20p. Rumo a uma Didática desenvolvida: Cidade da Habana. -- Ed. Povo e Educação, 2001. --115p-

INCHÁUSTEGUI VILLALÓN, MIRIAN. Matemática do terceiro ano. Ciudad de la Habana. Ed. Pueblo y Educación, 1990. --173p.

JUNGK, W. Conferência sobre Metodología de la Enseñanza de la Matemática 1. Havana, 1978. --180p.

LABARRERE, GUILLERMINA, Pedagogia: Ed. Pueblo y Educación, 1998. --354p.

LÓPEZ HURTADO, JOSEFINA. El carácter científico de la pedagogía en Cuba: Ed. Pueblo y Educación. La Habana, 1996. --226p.

MARTÍ PÉREZ, JOSÉ. Educação Científica nos escritos sobre Educação. Havana: Ed. Pueblo y Educación, 2001. --170p.

MATIENZO PALMA, ADELAIDA. Orientações Metodológicas de terceiro grau. Volume I. Cidade de Havana. Ed. Pueblo y Educación, 1990. --208p. Metodología de la Enseñanza de la Matemática de primero a cuarto grado. Coletivo de autores de RDA. Cidade de Havana: Ed. Pueblo y Educación, 1978. --255p.

MIRANDA TORRES, SABINA. Orientações Metodológicas de segundo grau. Havana: Ed. Pueblo y Educación, 2001. --170p.

NOCEDO de LEÓN, IRMA. Metodologia da investigação educacional. Primeira Parte. Ciudad de la Habana. Ed. Pueblo y Educación, 2002. --192p.

PÉREZ MARTÍN, DALIA. Trabalho de investigação sobre o ensino da matemática. --Escola Primária José Martí. Ciego de Ávila, 1986. --30 p. (Caderno).

PÉREZ SAMPER, EMILIA. Programa da segunda classe. La Habana: : Ed. Pueblo y Educación, 2001. --91p.

PÉREZ SOMOZA, ELPIDIO. Metodología de la Aritmética Elemental. Havana: Pueblo y Educación, 1930. --305p.

PÉREZ RODRÍGUEZ, GASTÓN. Metodología de la Investigación Educacional. Havana: Ed. Pueblo y Educación, 1986. --139p.

PÉREZ RODRÍGUEZ, GASTÓN. Metodologia da Investigação Educacional. Primeira parte. Cidade de Havana: Ed. Pueblo y Educación, 2001. --139p.

PENA GALVES, ROSA LINDA. Orientações Metodológicas de segundo grau: Ciudad de la Habana: Ed. Pueblo y Educación, 1989. --tomo2.

PITA, BALBINA. El tratamiento del cálculo en el primer ciclo. Havana: Ed. Pueblo y Educación, 1985. --81p.

RICO MONTERO, PILAR. Hacia el perfeccionamiento de la escuela primaria. Cidade de Havana: Ed. Pueblo y Educación, 2000. --137p.

RIZO CABRERA, CELIA, Seminário Nacional, 2001. -tomoII.

RODRÍGUEZ IZQUIERDO, JESÚS. Programa da terceira classe. Volume I. Cidade de Havana: Ed. Pueblo y Educación, 1990. --94p.

RODRÍGUEZ RODRÍGUEZ, GERMÁN. Alternativa para o cálculo vantajoso no primeiro e segundo graus da escola primária -Tese de Mestrado. Cidade de Havana, 1998, --115p.

SIMÓN, OSVLADO. Metodología de la Enseñanza de la Matemática en la escuela primaria. Havana: Ed. Pueblo y Educación, 1991. --209p.

SMAKARENKO, ANTÓN. Conferência sobre a educação das crianças. Havana: Ed. Pueblo y Educación, 1974. --121p.

VILLALÓN, INCHÁVSTEGUI. La elaboración de ejercicios básicos en la enseñanza de la matemática. Havana: Revista Educación. --julho-setembro, 1978. --127p.

ZHUKÓUSKALA R, I. El juego y su importancia pedagógica: La Habana: Ed. Pueblo y Educación, 1982. --140p.

Printed by Books on Demand GmbH, Norderstedt / Germany